Test 1

1 Ergänze die freien Felder der Pyramide so, dass die Summe zweier nebeneinanderstehender Zahlen jeweils im darüberliegenden Feld steht.

2 Subtrahiere schriftlich: 566 811 – 379 234

3 Ersetze die Striche in der Aufgabe so durch Ziffern, dass die Rechnung stimmt.

```
    5 _ 0 3 _
+   _ 7 4 _ 6
-------------
  1 1 3 _ 6 6
```

4 Anna fährt mit dem Inter-Regio von München (Abfahrt 19.24 Uhr) nach Hof (Ankunft 22.10 Uhr) zu ihrer Oma. Zwischen den beiden Städten hält der Zug achtmal, wobei jeder Halt zwei Minuten dauert.

a Berechne die reine Fahrzeit des Zuges.

Rechnung:

Antwort: ______________________________

b Wie viele Kilometer hat der Inter-Regio in dieser Zeit zurückgelegt, wenn er mit einer durchschnittlichen Geschwindigkeit von 82 km pro Stunde fährt?

Rechnung:

Antwort: ______________________________

5 In einem 3-Familien-Wohnhaus beträgt die Monatsmiete für die Wohnung im Erdgeschoss 790 €, die Miete für die Wohnung im Obergeschoss ist um 55 € höher. Jede der 3 Garagen ist für 65 € vermietet. Der Hausbesitzer nimmt im Jahr insgesamt 30 660 € ein.

Wie hoch ist die Monatsmiete für die dritte Wohnung im Dachgeschoss?

Rechnung:

Antwort: ______________________________

6 Landwirt Moser zäunt seine rechteckige Wiese mit der Länge 105 m und der Breite 47 m mit einem Elektrozaun ein, den er in drei Reihen übereinander spannt. Auf einer kürzeren Seite baut er ein 4 m breites Tor ein.

Was kostet Herrn Moser der Draht für die Einzäunung, wenn er für eine Rolle mit 10 m Draht 14,50 € bezahlt hat?

Rechnung:

Antwort: ______________________________

7 Welche Rechenzeichen musst du anstelle von □ und △ setzen, damit die Rechnung richtig ist?

14 □ 6 – 72 △ 9 = 76

8 In einem Regal stehen in einer Reihe nebeneinander Uhren. Davon sind zwei Kuckucksuhren. Eine Kuckucksuhr ist die sechste Uhr von links, die andere ist die achte Uhr von rechts. Zwischen den beiden Kuckucksuhren stehen genau drei andere Uhren.

Wie viele Uhren stehen im Regal?

Antwort: ______________________________

9 Miss die Strecken ①, ②, ③, ④ und ⑤ mit einem Lineal, vergleiche sie und ergänze die Sätze unten.

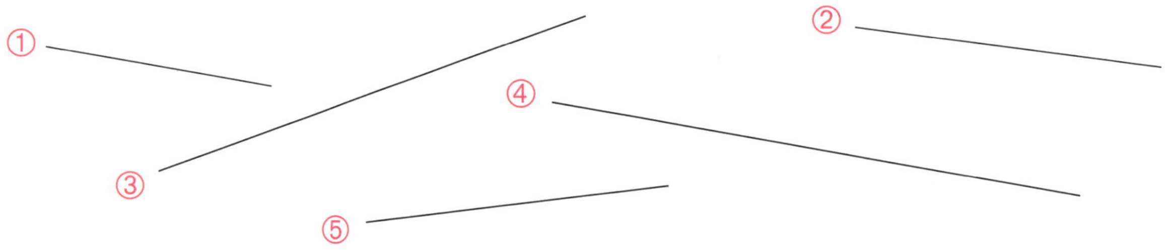

a Die Strecken ______ und ______ sind gleich lang.

b Die Strecke ______ ist die längste Strecke.

c Die Strecke ______ ist die kürzeste Strecke.

10 In der Tabelle findest du Angaben von den Einwohnerzahlen mehrerer Städte in Deutschland.

a Lies die Einwohnerzahl der Städte München und Frankfurt aus dem Diagramm ab und trage sie in die Tabelle ein.

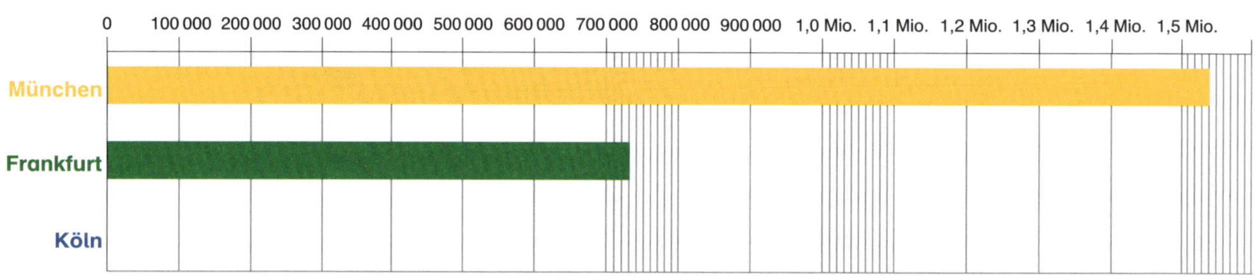

b Ergänze die Säule für die Stadt Köln im Diagramm.

c Die Einwohnerzahl wurde auf Zehntausender gerundet.

Wie viele Einwohner hat Frankfurt daher mindestens und wie viele höchstens?

Stadt	EW-Zahl
München	______
Frankfurt	______
Köln	1 080 000

Antwort: ____________________

Test 2

1 Berechne die Differenz der Zahlen 84 421 und 35 469.

2 Berechne: 786 303 : 9

3 Leon denkt sich eine Zahl, multipliziert sie mit 5, addiert 30, dividiert durch 6 und erhält die Zahl 10.

Wie heißt Leons gedachte Zahl?

Rechnung:

Antwort: ______________________________

4 Obsthändler Berti kauft 72 kg Äpfel und 55 kg Orangen. Für 1 kg Äpfel muss er 1,80 € bezahlen, für 1 kg Orangen 2,50 €.

a Welchen Gesamtpreis hat der Händler beim Einkauf bezahlt?

Rechnung:

Antwort: ______________________________

b Beim Auspacken der Ware stellt Berti fest, dass 3 kg Orangen und der zwölfte Teil der Äpfel verdorben sind und daher nicht mehr verkauft werden können. Die restlichen Äpfel verkauft er zum Preis von 2,60 € je Kilogramm. Von den Orangen verkauft er 32 kg zum Preis von 3 € je Kilogramm, vom Rest die eine Hälfte zum Preis von 2,50 € je Kilogramm und die andere Hälfte zum Preis von 2 € je Kilogramm.

Welchen Betrag hat er beim Verkauf eingenommen?

Rechnung:

Antwort: ______________________________

5 Welche Strecken stehen im rechten Winkel? Kreuze an.

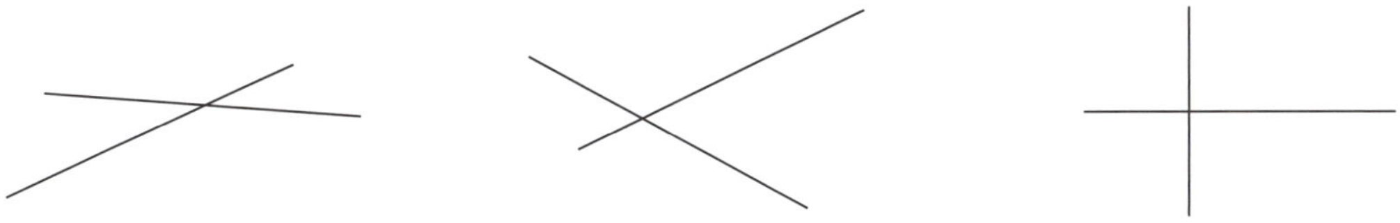

☐ ☐ ☐

6 Setze die Zahlenfolge fort.

6; 9; 18; 21; 42; 45; 90; 93; ___; ___; ___; ___

7 Berechne die fehlenden Zahlen. Jeder Strich steht für eine Ziffer.

```
4 _ 8 · 5 _
---------------
  2 0 4 0
    _ _ _ _
---------------
  2 2 8 4 8
```

8 Anna und Leon gehen wandern. Die Wanderung beginnt um 9.27 Uhr und endet um 11.10 Uhr.

a Wie viele Stunden und Minuten liegen zwischen Beginn und Ende der Wanderung?

Antwort: ______________________________

b Anna und Leon wollen auf der Wanderung eine 15-minütige Pause machen. Diese Pause planen sie so, dass die Gehzeit vorher und nachher jeweils genau gleich lang ist.

Berechne, wann die Pause beginnt und wann sie endet.

Rechnung:

Antwort: ______________________________

9 Welche Zahl musst du anstelle von ☐ einsetzen, damit die Aufgabe stimmt?

☐ · 3 – ☐ : 3 = 240

10 Herr Neumann holt sein Auto aus der Werkstatt und bezahlt die Kundendienstrechnung mit einem 500-Euro-Schein. Er bekommt 44,85 € zurück. Auf seiner Rechnung steht: drei Liter Motoröl für je 15,95 €, vier Zündkerzen für je 6,50 €, zwei Liter Kühlflüssigkeit für zusammen 33,30 € sowie 6 Arbeitsstunden.

Frage: ______________________________

____

Rechnung:

Antwort: ______________________________

____

Test 3

1 Verbinde die Zahlen richtig mit dem Zeitstrahl.

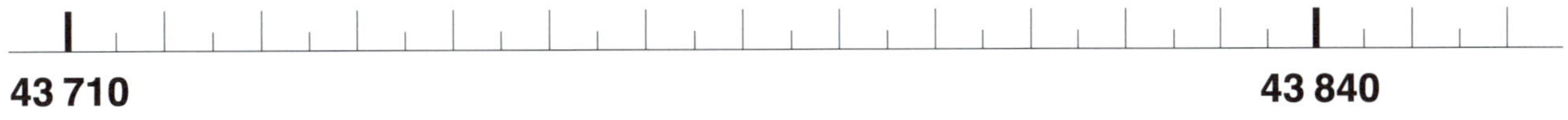

43 735 **43 820**

2 Multipliziere die Zahl 3 084 mit 47 und addiere dann 740 789.

3 Finde die fehlenden Ziffern. Jeder Strich steht für eine Ziffer.

```
1 0 5 3 _ : 8 = 1 _ _ _
– _
  2 5
– 2 4
    _ _
  – _
      _ _
    – _ _
      0 0
```

4 Eva meint: „Von meinen beiden Schwestern ist Rosa drei Jahre älter als ich und Mona vier Jahre jünger als ich. Zusammen sind wir 50 Jahre alt."

Wie alt ist jede der drei Schwestern?

Rechnung:

Antwort: ______________________________

5 Setze richtig ein: >, <, =

a 8 km ☐ 800 000 cm

b 5 h 45 min ☐ 545 min

c 5 kg 310 g ☐ 5 300 g

6 Das Ergebnis in der Mitte des Rechenrades ist immer 100 000.
Ergänze die Additionsaufgaben und fülle die leeren Felder richtig aus.

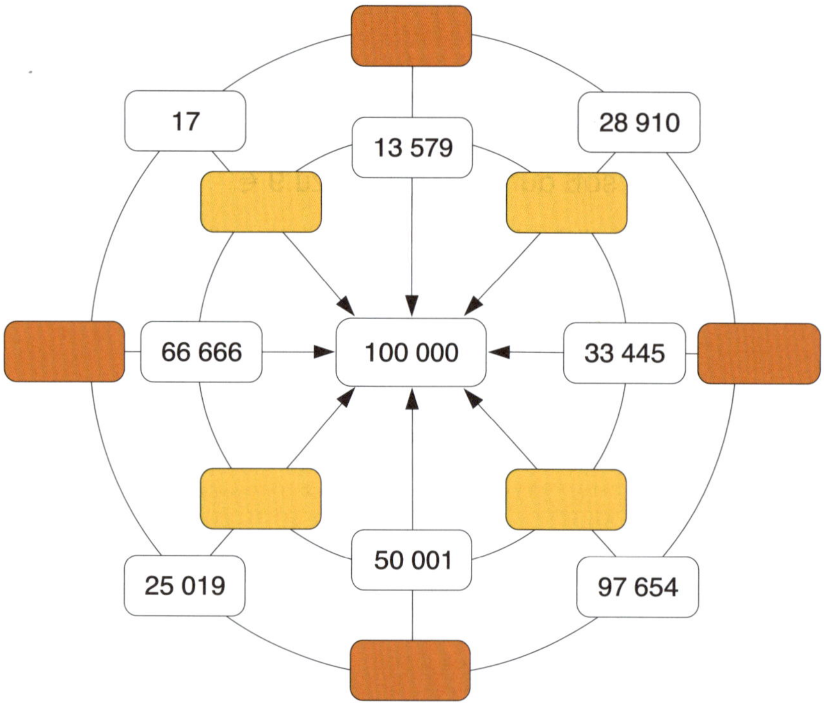

7 Ein Schiff hat bereits 2 276 Kisten zu je 34 kg und 2 323 Kisten zu je 54 kg geladen.

Wie viele Kisten zu je 8 kg können noch mitgenommen werden, wenn das Schiff mit 210 t beladen werden darf?

Rechnung:

Antwort: ____________________

8 Waldarbeiter Ast muss einen Baumstamm von 6 Metern Länge in Stücke zu je 60 cm Länge zersägen.

Wie lange braucht er, wenn er für jeden Schnitt 3 Minuten benötigt?

Rechnung:

Antwort: ______________________________

9 Beim großen Theaterwochenende der Klasse 4 b nahmen die Schüler insgesamt 6 300 € ein. Der 10. Teil davon war eine Spende. 207 Besucher bezahlten für ihre Plätze je 14 €, der Rest der Besucher saß auf den Plätzen zu 9 €.

Wie viele Besucher waren insgesamt bei der Vorstellung anwesend?

Rechnung:

Antwort: ______________________________

10 Familie Hartl besteht aus fünf Personen.

Wie hoch ist der jährliche Wasserverbrauch der Familie, wenn jedes Mitglied pro Tag durchschnittlich 132 Liter Wasser benötigt?

Rechnung:

Antwort: ______________________________

11 Ergänze die Zeichnung zu einer symmetrischen Figur.

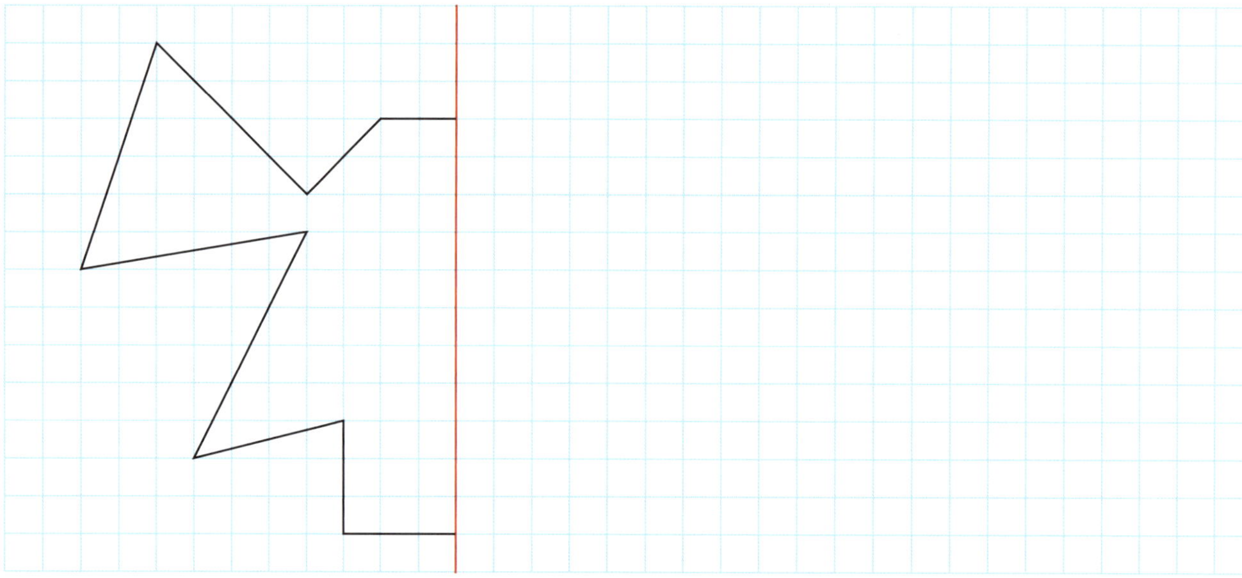

12 In einer kleinen Spielwarenfabrik werden pro Tag 100 Spielsachen hergestellt. Sie produziert Stofftiere, Fußbälle und 40 Jo-Jos.

a Lies aus dem Diagramm ab, wie viele Stofftiere hergestellt werden.

Antwort: ______________________________

b Bestimme die Anzahl der hergestellten Fußbälle und trage die entsprechende Säule mit Lineal im Diagramm ein.

Antwort: ______________________________

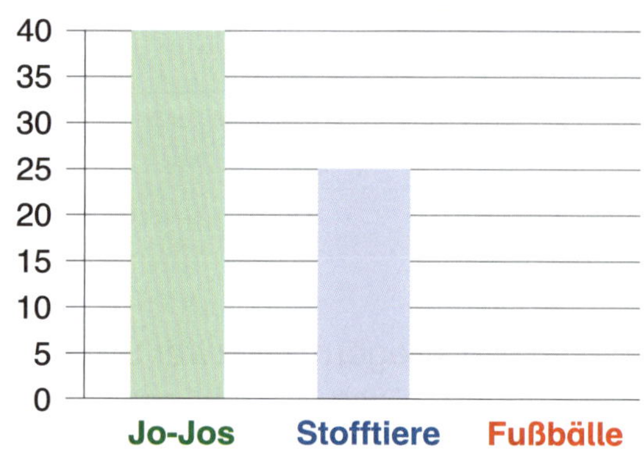

c Die Produktionskosten für alle Fußbälle betragen in einer Arbeitswoche 96 €, für alle Stofftiere täglich 28 € und für jedes Jo-Jo täglich 10 Cent.

Wie hoch sind die Produktionskosten pro Woche für alle Spielwaren?

Rechnung:

Antwort: ______________________________

Test 4

1 Berechne: 289 835 : 7

2 Ergänze die fehlenden Ziffern. Jeder Strich steht für eine Ziffer.

a

```
   7 5 _ 2 8
 + 1 _ 0 7 _
 -----------
   _ 9 9 _ 4
```

b

```
 3 _ 4 · _ 7
 -----------
   2 _ _ 2
     2 5 4 8
 -----------
   _ _ _ _ _
```

3 Herr Gebegern hat zwei Söhne und drei Töchter. Nach einem Lottogewinn schenkt er den Kindern insgesamt 324 000 €. Da er für die Ausbildung der Söhne bereits viel Geld ausgegeben hat, soll jede Tochter doppelt so viel bekommen wie ein Sohn.

Wie viel bekommt jedes Kind?

Rechnung:

Antwort: ______________________________

4 Die Summe von vier Zahlen ist 90 240. Die erste Zahl ist um 590 kleiner als die zweite Zahl. Die zweite Zahl ist um 9 240 größer als die dritte. Die dritte Zahl heißt 19 000.

Berechne die vierte Zahl.

Rechnung:

Antwort: ______________________________

5 Anna bastelt eine Geburtstagskarte für Leon. Sie zeichnet zuerst eine Vorlage.

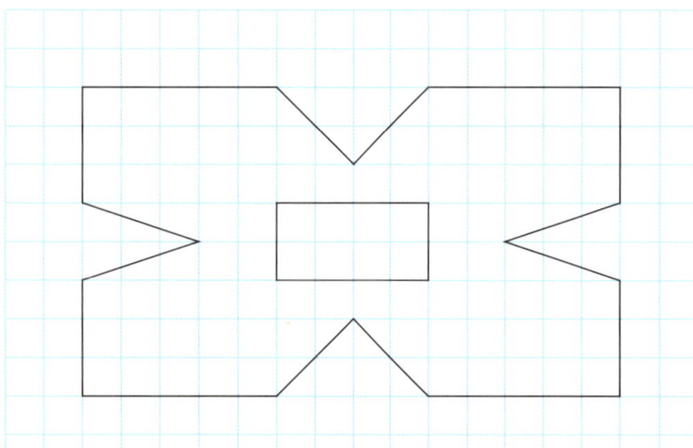

Anna faltet ein rechteckiges Papier und schneidet nach ihrer Zeichnung.
Welche Vorlage ist richtig?

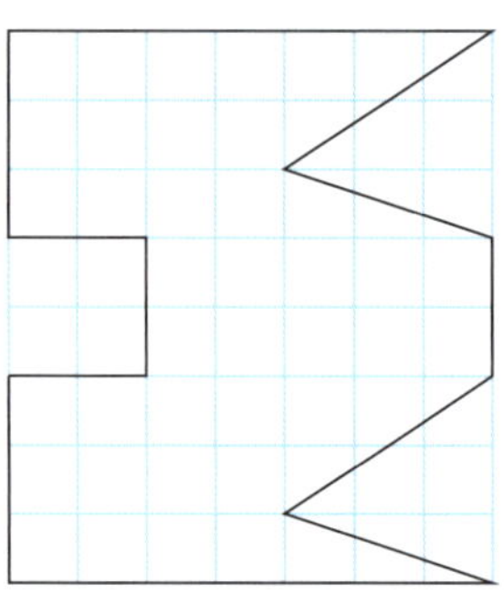

☐

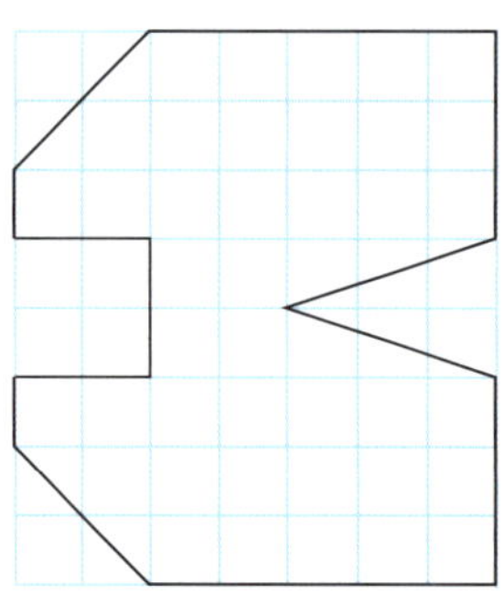

☐

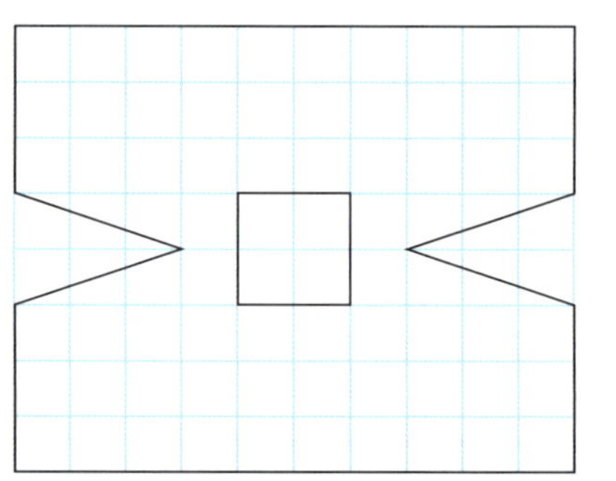

☐

6 Herr Schuster will sich drei Huskys (Schlittenhunde) anschaffen. Für drei Hunde fallen pro Monat 127,50 € Futterkosten und zudem 450 € pro Jahr für Steuer, Hundeleinen und sonstige kleine Sachen an. Auch der Tierarzt muss regelmäßig aufgesucht werden. Dafür sind je Husky im Jahr durchschnittlich 275 € zu berechnen. Herr Schuster ist bereit, den 8. Teil seines Jahreseinkommens von 42 600 € für diese Freizeitbeschäftigung auszugeben.

Frage: ______________________________

____

Rechnung:

Antwort: ______________________________

____

7 Ergänze die magischen Quadrate so, dass die Summe der Zahlen in jeder Reihe, jeder Spalte und jeder Diagonalen gleich ist.

100	16	76
	64	

		84
	192	
300		228

8 Rechne in die angegebenen Einheiten um.

a 9 kg 19 g = ________ g

b 18,5 km = ________ m

9 Leon sammelt Fußballsticker für ein Sammelalbum. Es passen 168 Spieler in das Album. Die Päckchen enthalten jeweils 9 Sticker.

a Leon überlegt, wie viele Päckchen er kauft. Er legt eine Tabelle an, um einen Überblick über die Kosten zu bekommen. Ergänze seine Tabelle:

Päckchenanzahl	2	5		9
Preis	5,20 €		18,20 €	

b Die 168 Spieler spielen in 8 gleich großen Mannschaften. Wie viele Spieler hat eine Mannschaft?

Antwort: ________________________________

c Leon hat nach kurzer Zeit 89 Fußballsticker eingeklebt. Sein Freund Christopher hat 69 Sticker, den 3. Teil schenkt er Leon, weil er diese nicht braucht und sie Leon noch fehlen. Wie viele Sticker braucht Leon dann noch? Berechne.

Antwort: ________________________________

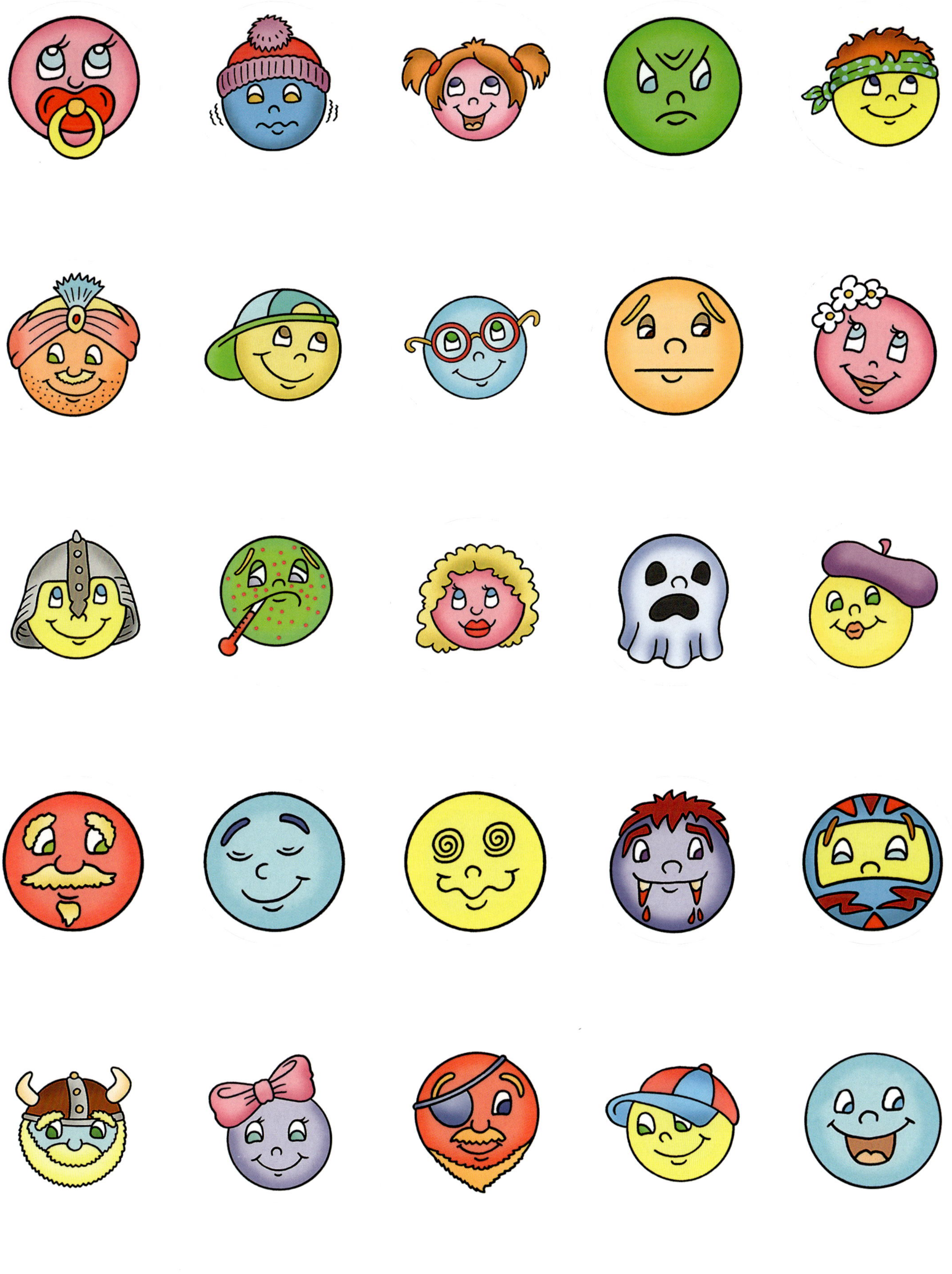

Test 5

1 Rechne in die angegebene Einheit um.

a 805 cm = ________ m

b 4 500 cm = ________ mm

c 120 min = ________ s

d 5 h 35 min = ________ min

2 In einer Tierhandlung kauft Sophie für ihren Hamster Mischfutter.
Sie kauft 300 g Haferflocken,
20 g Getreide und 400 g Kräuter.
Wie viel muss sie bezahlen?

Rechnung:

Antwort: ____

3

Frachtschiff: 2 200 t Steinkohle	Güterzug: 16 Wagen mit je 28 t Steinkohle	Lastwagen: 30 t Steinkohle

Kreuze die Fragen an, die du durch Rechnung beantworten kannst.
Falls dies möglich ist, gib in den Klammern das genaue Ergebnis an.

a ☐ Wie viele Lastwagen können die gleiche Menge Steinkohle transportieren wie ein Frachtschiff? (____________)

b ☐ Wie viel Steinkohle transportieren fünf Lastwagen und ein Güterzug? (____________)

c ☐ Welches Transportmittel ist am umweltfreundlichsten? (____________)

d ☐ Mit welchem Transportmittel wird die gleiche Menge Steinkohle am schnellsten transportiert? (____________)

e ☐ Wie viele t Steinkohle transportiert ein Güterzug? (____________)

f ☐ Bei welchem Transportmittel braucht man das meiste Personal für den Transport? (____________)

4 Finde die fehlenden Zahlen der beiden Zahlenfolgen.

a ____; ____; 334; 337; 341; 346; 352; ____; ____

b ____; ____; 213; 216; 211; 214; 209; 212; 207; ____; ____

5 Eine Allee mit alten Eichen ist 6 km 720 m lang. Auf beiden Seiten dieser Allee stehen die Bäume in einem Abstand von 48 m.

Wie viele Eichen stehen insgesamt an dieser Allee, wenn sowohl am Anfang als auch am Ende jeder Straßenseite ein Baum steht?

Rechnung:

Antwort: ______________________________

6 Berechne und führe die Probe durch:

384 496 : 7 =

7 Anna geht mit ihren Eltern in den Elektromarkt. Sie wollen einen neuen Fernseher kaufen, der für 1 170 € angeboten wird. Da sie bar bezahlen, bekommen sie den 9. Teil des angebotenen Preises als Nachlass. Ihr Nachbar, Herr Zweifel, will den gleichen Fernseher kaufen und überlegt sich einen Ratenkauf. Dabei muss er den 3. Teil anzahlen und noch 12 Monatsraten zu je 75 € entrichten.

Frage: ______________________________

____

Rechnung:

Antwort: ______________________________

____

8 Der abgebildete Würfel wurde bis zur Hälfte in einen Farbeimer getaucht.

Male die entsprechenden Flächen des Würfelnetzes so an, dass beim Zusammenfalten der abgebildete Würfel entsteht.

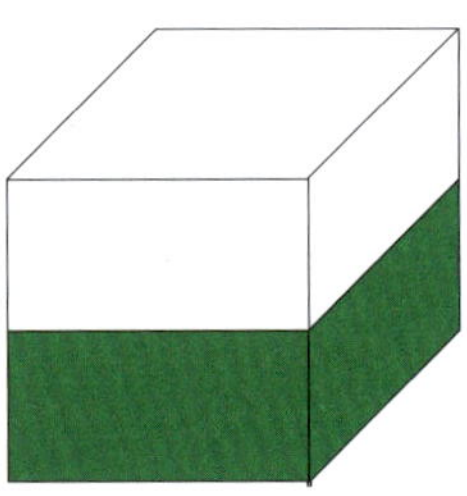

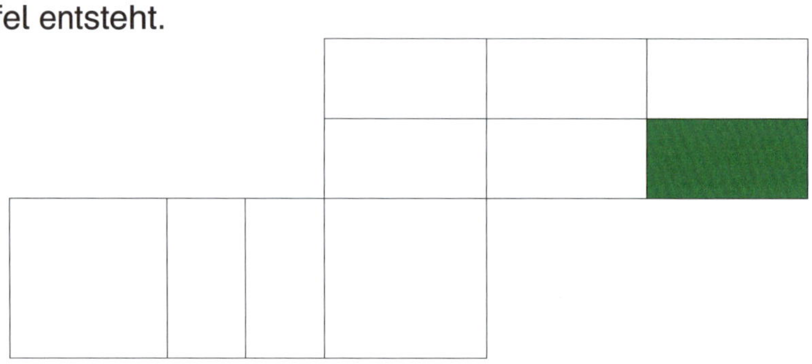

Test 6

1 Berechne 610 228 : 8 und führe die Probe durch.

2 Leon möchte aus 68 cm Draht ein Kantenmodell eines Quaders basteln.
Der Quader soll 8 cm lang und 6 cm breit werden.

Wie hoch kann der Quader höchstens werden, damit der Draht reicht?

Rechnung:

Antwort: ______________________________

3 Frau Müller kann die Rechnung der Getränkelieferung nicht begleichen, weil wichtige Angaben fehlen. Hilf ihr, indem du die fehlenden Zahlen findest.

80 Kästen Apfelsaft zu je	€ ☐	: € 400,00
16 Kästen Zitronenlimonade zu je	€ 3,50	: € ☐
		€ ☐

4 Anna und Leon wohnen 15 km und 400 m voneinander entfernt. Wenn Anna ihren Freund besucht, legt sie mit dem Fahrrad durchschnittlich 12 km in der Stunde zurück.

a Welche Wegstrecke legt Anna mit dem Fahrrad in einer Minute zurück? Welche Wegstrecke legt sie in 17 Minuten zurück?

Rechnung:

Antwort: ________________________________

b Wie lange braucht Anna, wenn sie auf der Hinfahrt eine Pause von 26 Minuten einlegt?

Rechnung:

Antwort: ________________________________

c An einem anderen Tag besucht Leon seine Freundin zu Fuß. Am Morgen geht er um 8.30 Uhr mit einer durchschnittlichen Geschwindigkeit von 4 200 m in der Stunde los und macht nach jeder vollen Stunde eine Pause von genau 10 Minuten. Anna fährt Leon mit dem Fahrrad entgegen und fährt um 9.40 Uhr los.

Wie weit sind die beiden um 10.10 Uhr voneinander entfernt?

Rechnung:

Antwort: ________________________________

5 In einer Gärtnerei werden unter anderem Tulpen und Rosen verkauft. Eine Tulpe kostet 2 €, eine Rose 3 €. Die Chefin stellt Folgendes fest: Es wurden neun Rosen weniger als Tulpen verkauft. Insgesamt wurden für die verkauften Rosen und Tulpen 283 € eingenommen.

Wie viele Tulpen und Rosen hat die Verkäuferin verkauft?

Rechnung:

Antwort: ______________________________

6 Die Fußballspieler der E-Schülermannschaft führen eine Umfrage durch, welcher Fußballverein am beliebtesten ist. Jeder Spieler hat nur eine Stimme.

FC Bayern München

1. FC Nürnberg

TSV 1860 München

a Wie viele Fußballspieler nehmen an der Umfrage teil? ______________________

b In der D-Jugendmannschaft wurde die gleiche Frage gestellt. Leon berichtet: „Für den FC Bayern München wurden 3 Stimmen mehr, für den TSV 1860 München wurden 3 Stimmen weniger abgegeben.“ Christopher ergänzt: „In der D-Jugendmannschaft sind 2 Spieler mehr als in der E-Schülermannschaft.“

Berechne das Ergebnis der Umfrage in der D-Jugendmannschaft.

Zeichne das Ergebnis der D-Jugendmannschaft als Balkendiagramm.

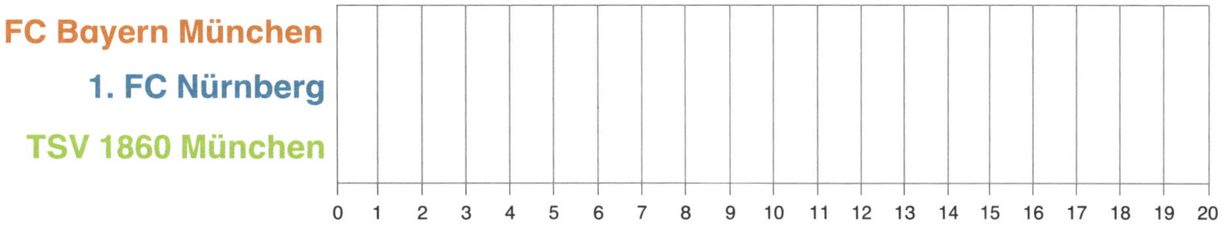

7 Anna hat große und kleine Würfel sowie große und kleine Murmeln. Jede große Murmel wiegt 25 g, jede kleine Murmel wiegt 10 g.

a Mithilfe ihrer Waage stellt Anna fest, dass acht große Würfel so viel wiegen wie 16 kleine Murmeln.

Berechne, wie viel Gramm ein großer Würfel wiegt.

Rechnung:

Antwort: ______________________________

____

b Bei einem zweiten Versuch stellt sie fest, dass 17 kleine Murmeln und zwei kleine Würfel genauso viel wiegen wie fünf große Murmeln und sieben kleine Würfel.

Berechne, wie viel Gramm ein kleiner Würfel wiegt.

Rechnung:

Antwort: ______________________________

Test 7

1 Berechne und führe anschließend die Probe durch.

a 461 295 : 5

b 1 279 · 9

2 Ergänze die Zahlenfolge.

10; 10; 20; 30; 50; ____; ____; ____; 340

3 Rechne aus:

63 909 + 18 915 – 3 939 = ________

4 Welche Zahl fehlt hier? Berechne schriftlich.

11 111 – ☐ = 4 444

5 Die Baugrube für eine neue Schule soll im Abstand von 5 m durch einen Maschendrahtzaun abgesichert werden (siehe Skizze).

Wie lang muss der Sicherungszaun sein?

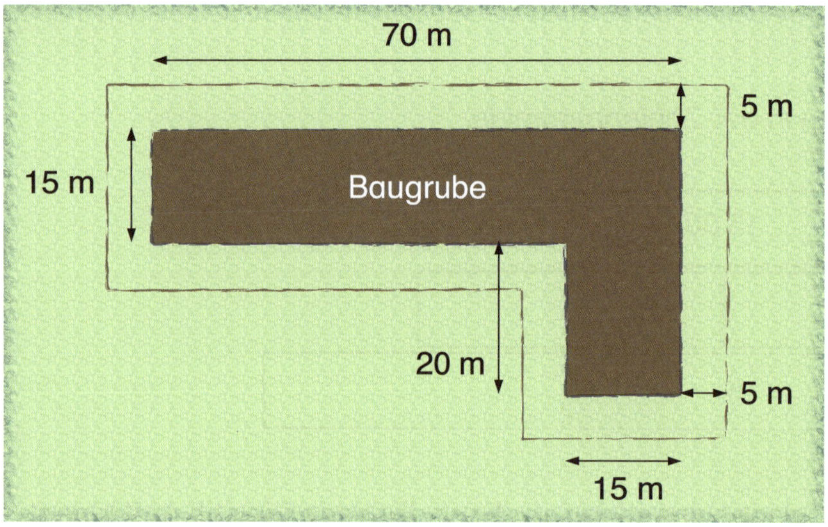

Rechnung:

Antwort: ______________________________

6 Leon möchte seinen Freund im Nachbardorf besuchen. Um 13.45 Uhr will er mit dem Fahrrad starten und um 17.15 Uhr muss er wieder zu Hause sein. Für die Hinfahrt benötigt Leon 15 Minuten, für die Rückfahrt 5 Minuten mehr.

Wie lange kann er mit seinem Freund spielen?

Rechnung:

Antwort: ______________________________

7 Finde die fehlenden Zahlen in der Zahlenpyramide.

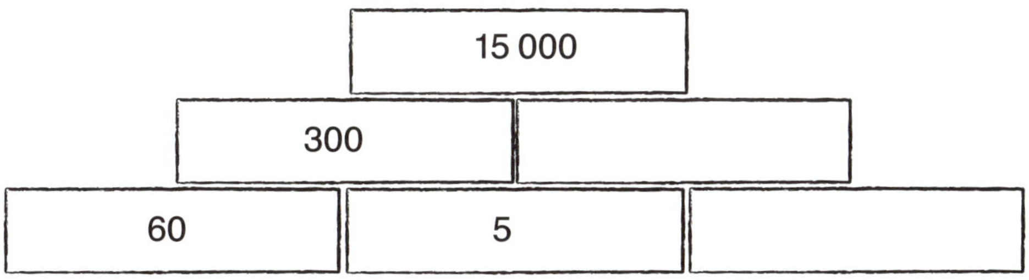

8 Ergänze die Zeichnung zu einer symmetrischen Figur. Benutze Bleistift und Lineal.

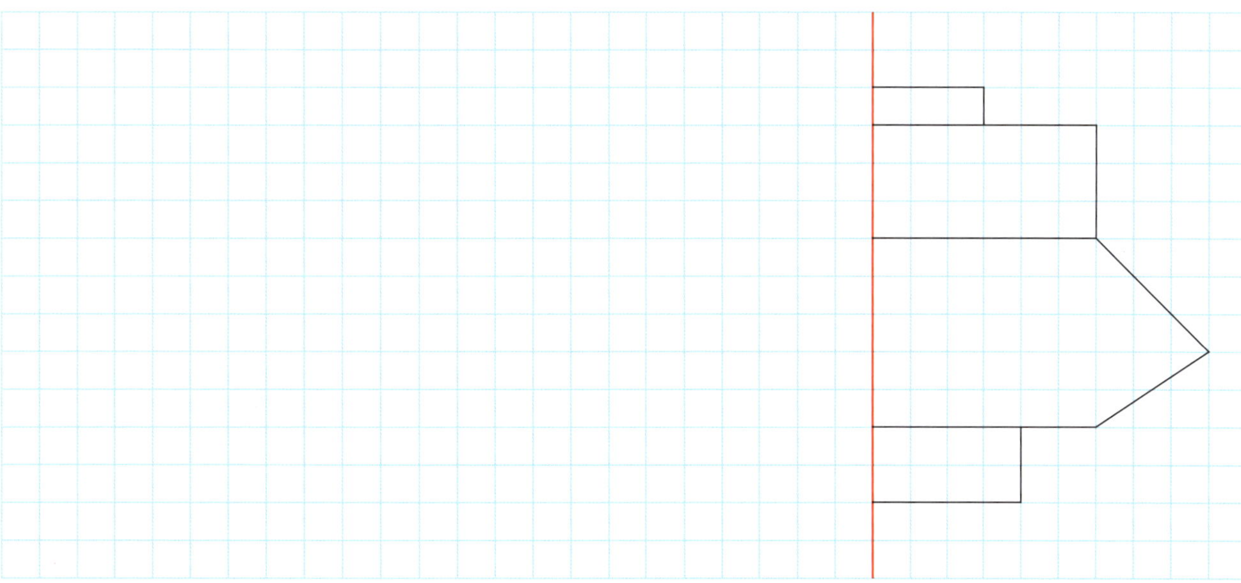

9 Herr Knauser will sein Gewicht, das seines Sohnes und das seines Hundes wissen. In einer Bahnhofsvorhalle kostet das Wiegen auf einer Personenwaage aber 1 €. Um Geld zu sparen, stellt er sich zusammen mit seinem kleinen Sohn Tobias und Hund Trolli auf die Waage. Alle miteinander wiegen 88 kg.

Wie schwer ist Tobias, wenn Herr Knauser 40 kg mehr wiegt als Hund Trolli und Sohn Tobias zusammen, Trolli aber dreimal so viel wiegt wie Tobias?

Rechnung:

Antwort: ______________________________

10 Herr Neumann möchte im nächsten Frühjahr für sich und Leon zwei neue Fahrräder kaufen. Leons Wunschfahrrad kostet 380 €, das Fahrrad für Herrn Neumann wird 550 € kosten. Weil Herr Neumann ein guter Kunde ist, bekommt er einen Preisnachlass von 35 €. Er hat für den Fahrradkauf schon 535 € zurückgelegt.

Wie viel muss er jeden Monat sparen, wenn er die Räder in drei Monaten kaufen will?

Rechnung:

Antwort: ______________________________

Test 8

1 Berechne die Summe der Zahlen 124 395 und 368 746.

2 Berechne: 847 · 406

3 Leons Onkel hat einen Sohn, der 20 Jahre jünger ist als er selbst. Zusammen sind die beiden 48 Jahre alt.

Wie alt ist Leons Onkel? Wie alt ist sein Sohn?

Antwort: ______________________________

____

4 Ein Müller hat drei Mühlen. Die erste Mühle mahlt in sechs Stunden 2 t 700 kg Getreide. Die zweite Mühle schafft in der gleichen Zeit doppelt so viel Getreide. Die dritte Mühle benötigt für 2 t 600 kg Getreide vier Stunden.

a Wie viel Getreide mahlt jede Mühle in der Stunde?

Rechnung:

Antwort: ____________________

____

b Ein Bauer liefert 5 t Getreide. Der Müller verteilt die 5 t so auf seine drei Mühlen, dass der Mahlvorgang in den Mühlen gleichzeitig beendet ist, wenn er sie gleichzeitig in Bewegung setzt.

Wie lange dauert der Mahlvorgang und wie viel Getreide hat der Müller in jede Mühle gefahren?

Rechnung:

Antwort: ____________________

____

5 Wie heißen die zwei nächsten Zahlen der Zahlenfolge?

5 785; 5 775; 5 745; 5 655; ________; ________

6 Die 23 Kinder der Klasse 4 b fahren gemeinsam mit den 27 Kindern der Klasse 4 c für eine Woche ins Schullandheim. Die Übernachtung mit Frühstück kostet dort für jedes Kind in der Woche 98 €. Die Kosten für den Bus für Hin- und Rückfahrt betragen insgesamt 332 €. Außerdem ist ein Ausflug zu einer nahe gelegenen Burg geplant. Ab dreißig Personen kostet dort eine Führung 36 ct pro Person, bei einer kleineren Gruppe muss jeder 50 ct bezahlen. Damit die Fahrt ins Schullandheim nicht zu teuer wird, zahlt die Schule für jedes Kind einen Zuschuss von 12 €.

Frage: ____

____

Rechnung:

Antwort: ____

____

7 Ein Eichhörnchen läuft auf den Kanten eines Quaders. Es sammelt für den Winter Futterkörner, die auf dem Weg liegen. Auf den Kanten steht die Anzahl der Futterkörner, die es dort sammeln kann.

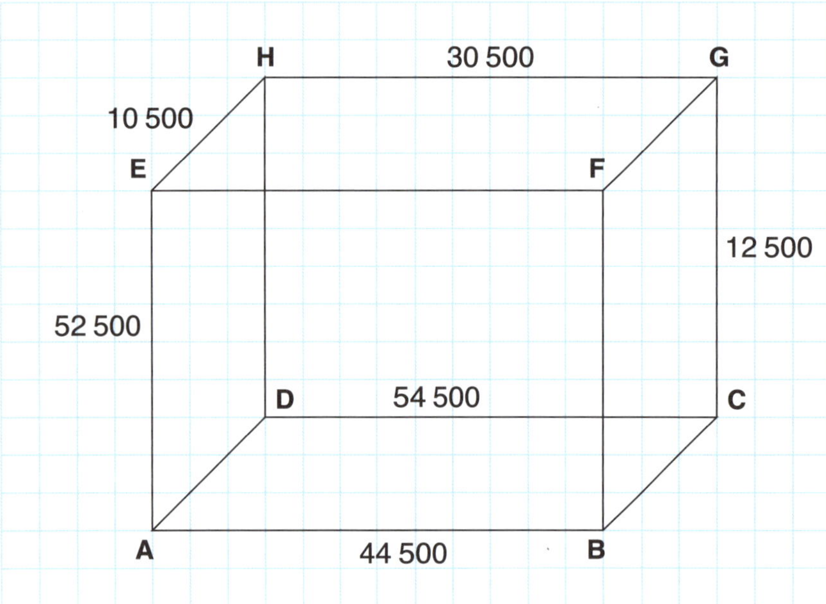

a Das Eichhörnchen läuft von A aus 3 Kanten entlang nach G. Es sammelt dabei möglichst viele Futterkörner.
Welchen Weg läuft es? Trage die Buchstaben ein.

A ⟶ ____ ⟶ ____ ⟶ ____

b Das Eichhörnchen läuft von C nach A.
Es sammelt 106 000 Futterkörner auf.
Welchen Weg läuft es?

Rechnung:

Antwort: ______________________________

Test 1

1

	251	
111		**140**
65	**46**	94

	630	
127		**503**
89	**38**	**465**

		2 345	
	1 794	551	
1 599	195	**356**	
1 551	**48**	**147**	209

2

```
  5ı 6ı 6 8ı 1ı 1
– 3  7  9 2  3  4
-----------------
  1  8  7 5  7  7
```

3

```
  5 6 0 3 0
+ 5₁7 4 3 6
-----------
1 1 3 4 6 6
```

(bold digits: 6 and 0 in the first number, 5 and 3 in the second number, 4 in the result)

4 a Skizze:

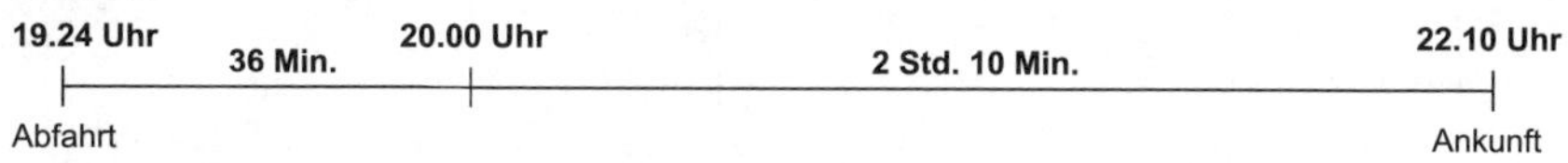

Rechnung:

Zeit Abfahrt bis Ankunft:	36 Min. + 2 Std. 10 Min. = 2 Std. 46 Min.
8 Haltestellen/je 2 Min. Halt:	8 · 2 Min. = 16 Min.
Reine Fahrzeit:	2 Std. 46 Min. – 16 Min. = 2 Std. 30 Min.

Antwort: Der Zug fährt 2 Stunden und 30 Minuten.

b Rechnung:

Zurückgelegte Strecke in 1 Std.:	82 km
Zurückgelegte Strecke in 2 Std.:	82 km · 2 = 164 km
Zurückgelegte Strecke in 30 Min.:	82 km : 2 = 41 km
Strecke in 2 Std. 30 Min.:	164 km + 41 km = 205 km

Antwort: Der Inter-Regio legt in 2 Stunden 30 Minuten eine Strecke von 205 Kilometern zurück.

5

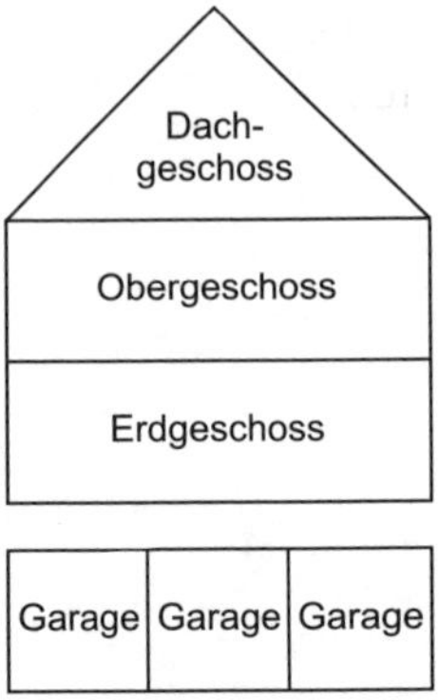

?

790 € + 55 € = 845 €
845 € · 12 = 10 140 € (pro Jahr)

790 € · 12 = 9 480 € (pro Jahr)

65 € · 3 = 195 €
195 € · 12 = 2 340 € (pro Jahr)

Mieteinnahme pro Jahr für Garagen, Erd- und Obergeschoss:
10 140 € + 9 480 € + 2 340 € = 21 960 €
Jahresmiete Dachgeschoss: 30 660 € – 21 960 € = 8 700 €
Monatsmiete Dachgeschoss: 8 700 € : 12 = 725 €

Antwort: Die Monatsmiete für die Wohnung im Dachgeschoss beträgt 725 €.

6 Skizze:

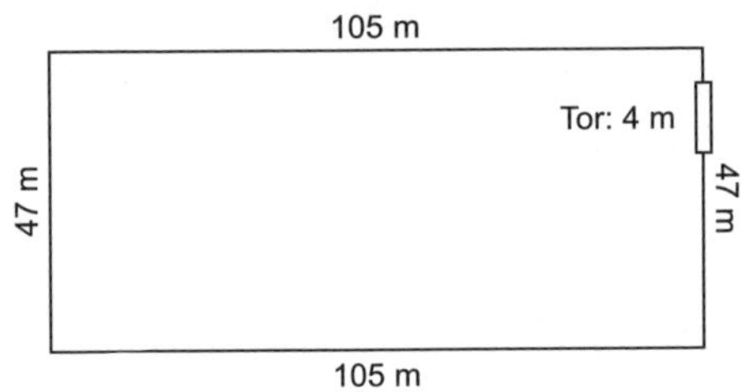

Rechnung:

Länge der Seite mit dem Tor:	47 m – 4 m = 43 m
Drahtlänge für eine Reihe:	105 m + 43 m + 105 m + 47 m = 300 m
Drahtlänge für drei Reihen:	300 m · 3 = 900 m
Preis für 1 m Draht:	1 450 ct : 10 = 145 ct
Preis für 900 m Draht:	900 · 145 ct = 130 500 ct = 1 305 €

Antwort: Der Draht für die Einzäunung kostet Herrn Moser 1 305 €.

7 14 $\boxed{\cdot}$ 6 – 72 $\overset{:}{\triangle}$ 9 = 76

8 Information 1: Eine Kuckucksuhr (A) ist die sechste Uhr von links.
Information 2: Eine Kuckucksuhr (B) ist die achte Uhr von rechts.
Information 3: Dazwischen sind drei andere Uhren.

Skizze:

1	2	3	4	5	6			
•	B	•	•	•	A	•	•	•
	8	7	6	5	4	3	2	1

Antwort: Es stehen neun *(oder siebzehn)* Uhren im Regal.

9 Längen der Strecken (hier verkleinert):

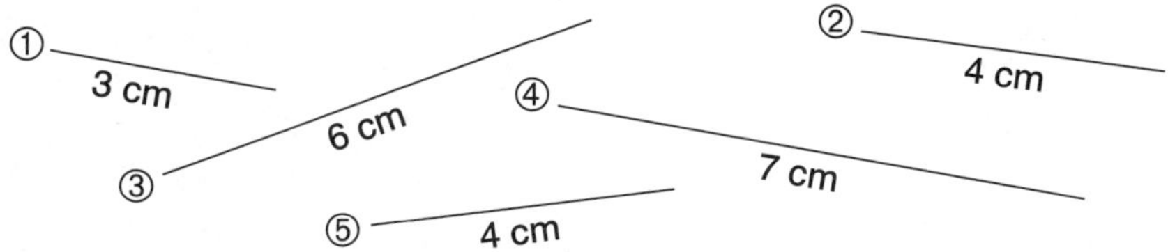

a Die Strecken ② und ⑤ sind gleich lang.
b Die Strecke ④ ist die längste Strecke.
c Die Strecke ① ist die kürzeste Strecke.

10 a

Stadt	EW-Zahl
München	**1 540 000**
Frankfurt	**730 000**
Köln	1 080 000

b

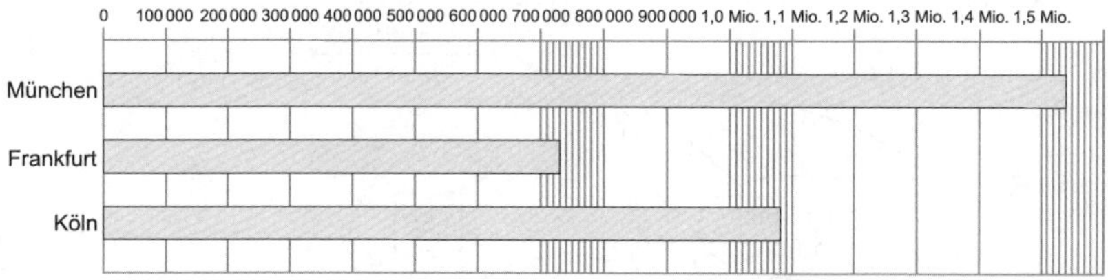

c Antwort: Frankfurt hat mindestens 725 000 Einwohner und höchstens 734 999 Einwohner.

Test 2

1

$$\begin{array}{r} 8_{1}\,4_{1}\,4_{1}\,2_{1}\,1 \\ -\;3\;5\;4\;6\;9 \\ \hline 4\;8\;9\;5\;2 \end{array}$$

2

7 8 6 3 0 3 : 9 = 8 7 3 6 7
– 7 2
6 6
– 6 3
3 3
– 2 7
6 0
– 5 4
6 3
– 6 3
0

3 Lösungsplan:

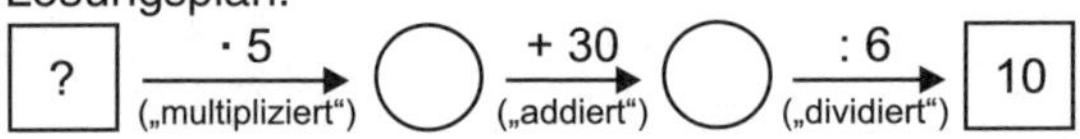

Rechnung: (10 · 6 – 30) : 5 = 6

Antwort: Leons gedachte Zahl heißt 6.

4 a Skizze:

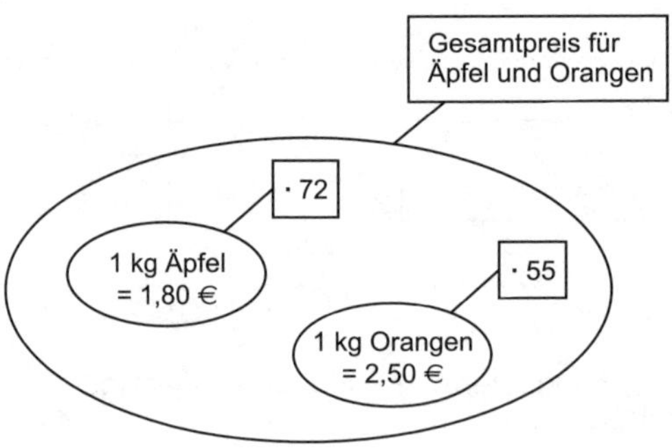

Rechnung:

180 ct · 72	250 ct · 55
1260	1250
360	1250
12960 ct	13750 ct

  129,60 €
+ $1\,3_1 7_1$,50 €
  267,10 €

Antwort: Der Händler hat einen Gesamtpreis von 267,10 € bezahlt.

b Rechnung:
Einnahmen für Äpfel:
72 kg : 12 = 6 kg (verdorbene Äpfel)
72 kg – 6 kg = 66 kg (verkaufte Äpfel)
66 · 2,60 € → 66 · 260 ct = 17 160 ct

Einnahmen für Orangen:
55 kg – 3 kg = 52 kg (verkaufte Orangen),
davon → 32 kg zu 3 €: 32 · 300 ct = 9 600 ct
→ 10 kg zu 2,50 €: 10 · 250 ct = 2 500 ct
→ 10 kg zu 2 €: 10 · 200 ct = 2 000 ct
9 600 ct + 2 500 ct + 2 000 ct = 14 100 ct

Gesamteinnahmen:
17 160 ct + 14 100 ct = 31 260 ct = 312 € 60 ct = 312,60 €

Antwort: Obsthändler Berti nahm beim Verkauf 312,60 € ein.

5

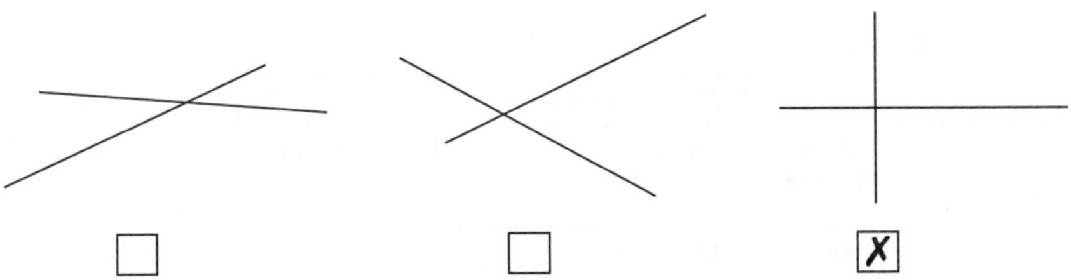

6 6 →(+ 3) 9 →(+ 9) 18 →(+ 3) 21 →(+ 21) 42 →(+ 3) 45 →(+ 45) 90 →(+ 3) 93
→(+ 93) **186** →(+ 3) **189** →(+ 189) **378** →(+ 3) **381**

Es wird immer erst 3 addiert und die folgende Zahl dann verdoppelt.

7

4 **0** 8 · 5 **6**
2 0 4 0
2 4 4 8
2 2 8 4 8

8 a 9.27 Uhr —33 min→ 10.00 Uhr —70 min→ 11.10 Uhr

33 min + 70 min = 103 min
103 min – 60 min = 43 min

Antwort: Zwischen Beginn und Ende der Wanderung liegen 1 Stunde und 43 Minuten.

b Gesamtzeit 103 min
103 min – 15 min = 88 min
88 min : 2 = 44 min

Startzeit Pause 9.27 Uhr —+ 44 min→ 10.11 Uhr

Ende Pause 10.11 Uhr —+ 15 min→ 10.26 Uhr

Antwort: Die Pause beginnt um 10.11 Uhr und endet um 10.26 Uhr.

9 **90** · 3 – **90** : 3 = 240

10 Frage: Was berechnet die Werkstatt für eine Arbeitsstunde?

Streifendiagramm:

<table>
<tr><td colspan="8">500-Euro-Schein</td></tr>
<tr><td colspan="7">Rechnungsbetrag</td><td>Rückgeld</td></tr>
<tr><td>Materialkosten</td><td>1 Arbeits-stunde</td><td></td><td></td><td></td><td></td><td></td><td></td></tr>
<tr><td></td><td colspan="6">← Lohnkosten →</td><td></td></tr>
</table>

Rechnung:

Rechnungsbetrag

5_1 0_1 0_1 0_1 0 ct
– 4 4 8 5 ct
4 5 5 1 5 ct

Materialkosten (Öl)

1 5 9 5 ct · 3
4 7 8 5 ct

Materialkosten (Zündkerzen)

6 5 0 ct · 4

2 6 0 0 ct

Materialkosten (gesamt)

4 7 8 5 ct

2 6 0 0 ct

+ $_1$ $3_1 3_1$ 3 0 ct

1 0 7 1 5 ct

Lohnkosten

4 5_1 5 1 5 ct

− 1 0 7 1 5 ct

3 4 8 0 0 ct

Stundenlohn

3 4 8 0 0 ct : 6 = 5 8 0 0 ct = 58 €

− 3 0

4 8

− 4 8

0

Antwort: Die Werkstatt berechnet für eine Arbeitsstunde 58 €.

Test 3

1

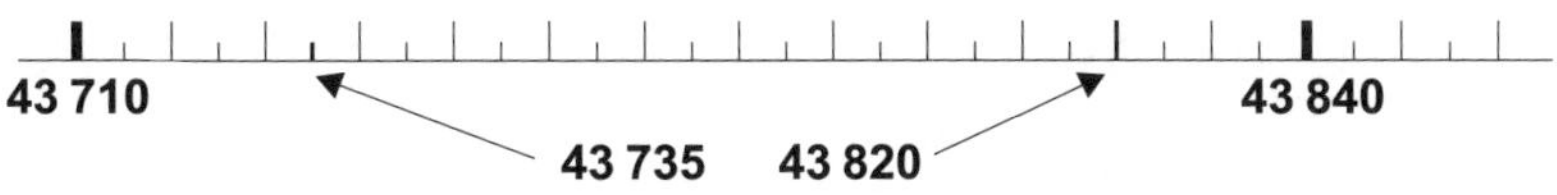

2 Multiplikation

3 0 8 4 · 4 7

1 2 3 3 6

2 1 5_1 8 8

1 4 4 9 4 8

Addition:

1 4 4 9 4 8

+ 7 4 0_1 7_1 8_1 9

8 8 5 7 3 7

3

1 0 5 3 **6** : 8 = 1 **3 1 7**

− **8**

2 5

− 2 4

1 3

− **8**

5 6

− **5 6**

0 0

4 Skizze:

Eva	Rosa	Mona
?	? + 3 Jahre	? – 4 Jahre

Alter von Eva = Alter von Rosa – 3 Jahre und Alter von Mona + 4 Jahre

Rechnung:
Wären alle 3 gleich alt: 50 Jahre – 3 Jahre + 4 Jahre = 51 Jahre
51 : 3 = 17 → Bei gleichem Alter ist jede der Schwestern 17 Jahre alt.
Tatsächliches Alter:
Eva: 17 Jahre
Rosa: 17 Jahre + 3 Jahre = 20 Jahre
Mona: 17 Jahre – 4 Jahre = 13 Jahre

Antwort: Eva ist 17 Jahre, Rosa 20 Jahre und Mona 13 Jahre alt.

5 a 8 km [=] 800 000 cm
b 5 h 45 min [<] 545 min
c 5 kg 310 g [>] 5 300 g

6

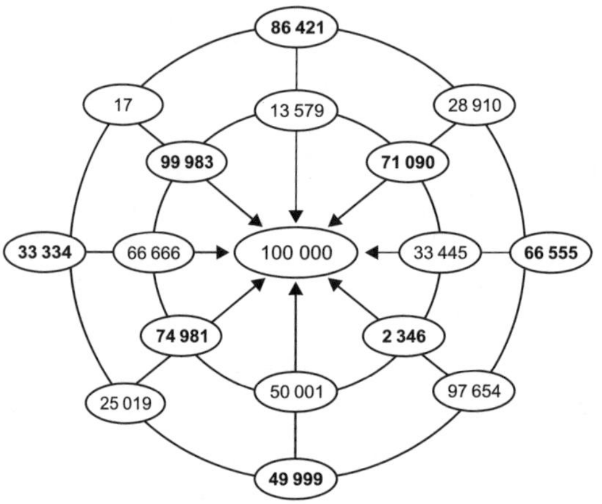

7 Rechnung:

Geladenes Gewicht:	2 276 · 34 kg = 77 384 kg
	2 323 · 54 kg = 125 442 kg
	77 384 kg + 125 442 kg = 202 826 kg
Nutzlast:	210 t = 210 000 kg
Freie Nutzlast:	210 000 kg – 202 826 kg = 7 174 kg

Zahl restliche Kisten: 7 174 kg : 8 kg = 896 R 6

Antwort: Es dürfen noch 896 Kisten aufgeladen werden.

8 Skizze/Rechnung:
Anzahl der Stücke: 600 cm : 60 cm = 10
Anzahl der Schnitte:

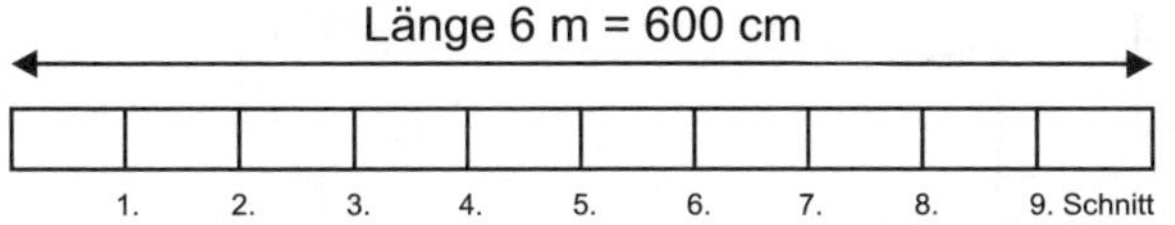

Zeit für einen Schnitt: 3 Min.
Zeit für 9 Schnitte: 9 · 3 Min. = 27 Min.

Antwort: Waldarbeiter Ast braucht 27 Minuten für seine Arbeit.

9 Lösungsplan/Rechnung:
Gesamteinnahmen $\boxed{:}$ 10 $\boxed{=}$ Spende
6 300 € : 10 = 630 €

Gesamteinnahmen $\boxed{-}$ Spende $\boxed{=}$ Eintrittsgelder
6 300 € – 630 € = 5 670 €

Anzahl Besucher zu 14 € $\boxed{\cdot}$ 14 € $\boxed{=}$ Einnahmen 14-€-Plätze
207 · 14 € = 2 898 €

Eintrittsgelder $\boxed{-}$ Einnahmen 14-€-Plätze $\boxed{=}$ Einnahmen 9-€-Plätze
5 670 € – 2 898 € = 2 772 €

Einnahmen 9-€-Plätze $\boxed{:}$ 9 € $\boxed{=}$ Anzahl Besucher zu 9 €
2 772 € : 9 € = 308

Anzahl Besucher zu 14 € $\boxed{+}$ Anzahl Besucher zu 9 € $\boxed{=}$ Gesamtzahl Besucher
207 + 308 = 515

Antwort: Es waren insgesamt 515 Besucher bei der Vorstellung anwesend.

10 Rechnung:
Täglicher Wasserverbrauch der Familie: 132 ℓ · 5 = 660 ℓ
Jährlicher Wasserverbrauch der Familie: 660 ℓ · 365 = 240 900 ℓ

Antwort: Die Familie verbraucht 240 900 ℓ Wasser im Jahr.

11

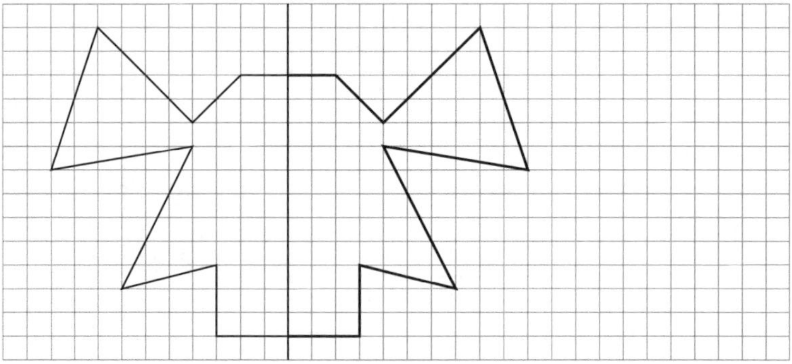

12 a Antwort: Es werden 25 Stofftiere hergestellt.

b 40 + 25 = 65
100 – 65 = 35
Antwort: Es werden 35 Fußbälle hergestellt.

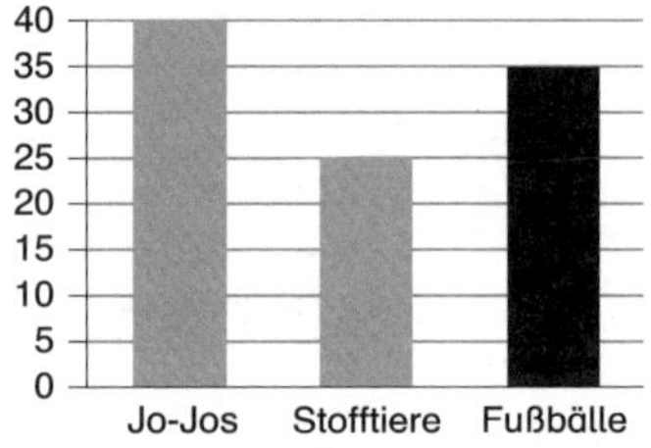

c Fußbälle: 96 € · 1 = 96 €
Stofftiere: 28 € · 5 = 140 €
Jo-Jos: 40 · 10 ct = 4 €; 4 € · 5 = 20 €
Gesamt: 96 € + 140 € + 20 € = 256 €

Antwort: Die Produktionskosten pro Woche betragen 256 €.

Test 4

1

```
 2 8 9 8 3 5 : 7 = 4 1 4 0 5
-2 8
 ---
   0 9
 -   7
   ---
     2 8
   - 2 8
     ---
       0 3
     -   0
       ---
         3 5
       - 3 5
         ---
           0
```

2 a

```
   7 5 8 2 8
 + 1 4 0₁7₁6
 -----------
   8 9 9 0 4
```

b

```
 3 6 4 · 8 7
 -----------
   2 9 1 2
    ₁2 5 4 8
 -----------
   3 1 6 6 8
```

3 Skizze/Rechnung:

Herr Gebegern verteilt die Summe eigentlich auf acht „gleiche Teile“ (denn jede Tochter zählt doppelt): 324 000 € : 8 = 40 500 € (entspricht „einem Teil“)

← 324 000 € →

Sohn	Sohn	Tochter	Tochter	Tochter
↓	↓	↘ ↙	↘ ↙	↘ ↙
40 500 €	40 500 €	2 · 40 500 € = 81 000 €	2 · 40 500 € = 81 000 €	2 · 40 500 € = 81 000 €

Antwort: Die Söhne bekommen jeweils 40 500 €, jede Tochter erhält 81 000 €.

4 Skizze/Rechnung:

[1. Zahl] + [2. Zahl] + [3. Zahl] + [4. Zahl] [=] [Ergebnis]

3. Zahl = 19 000
2. Zahl = 19 000 + 9 240 = 28 240
1. Zahl = 28 240 – 590 = 27 650

[27 650] + [28 240] + [19 000] + [?] [=] [90 240]

4. Zahl = 27 650 + 28 240 + 19 000 = 74 890
90 240 – 74 890 = 15 350

Antwort: Die gesuchte vierte Zahl heißt 15 350.

5

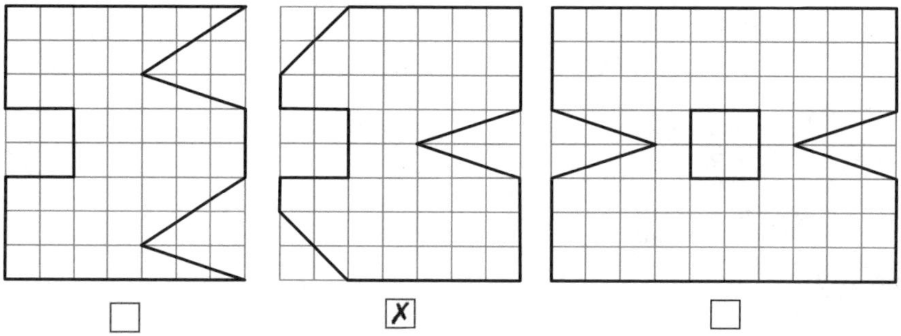

6 Frage: Kann sich Herr Schuster das Hobby leisten?

Lösungsplan/Rechnung:
Futterkosten gesamt pro Monat [·] 12 [=] jährliche Futterkosten für 3 Hunde
127,50 € · 12 = 1 530 €

jährliche Tierarztkosten pro Hund [·] 3 [=] jährliche Tierarztkosten für 3 Hunde
275 € · 3 = 825 €

jährliche Futterkosten [+] jährliche Tierarztkosten [+] jährliche sonstige Kosten [=] jährliche Gesamtkosten für 3 Hunde
1 530 € + 825 € + 450 € = 2 805 €

Jahreseinkommen [:] 8 [=] verfügbares Geld für das Hobby
42 600 € : 8 = 5 325 €

verfügbares Geld für das Hobby [–] jährliche Gesamtkosten [=] Restgeld
5 325 € – 2 805 € = 2 520 €

Antwort: Herr Schuster kann sich das Hobby leisten, es bleiben 2 520 € übrig.

7

100	16	76
40	64	**88**
52	**112**	**28**

156	**336**	84
120	192	**264**
300	**48**	228

8 a 9 kg 19 g = **9 019 g**
b 18,5 km = **18 500 m**

9 a

Päckchenanzahl	2	5	**7**	9
Preis	5,20 €	**13 €**	18,20 €	**23,40 €**

Preis für ein Päckchen: 5,20 € : 2 = 2,60 €

5 · 2,60 € = 13 €
18,20 € : 2,60 € = 7
9 · 2,60 € = 23,40 €

b 168 : 8 = 21

Antwort: Es sind 21 Spieler in einer Mannschaft.

c Lösungsplan/Rechnung:
geschenkte Sticker [+] eingeklebte Sticker [=] vorhandene Sticker
69 : 3 + 89 = 23 + 89 = 112

Anzahl der Spieler im Album [−] vorhandene Sticker [=] fehlende Sticker
168 − 112 = 56

Antwort: Leon braucht noch 54 Fußballsticker.

Test 5

1 a 805 cm = **8,05 m**
b 4 500 cm = **45 000 mm**
c 120 min = **7 200 s**
d 5 h 35 min = **335 min**

2 Lösungsplan/Rechnung:
Kosten Haferflocken:
300 g : 100 g = 3 0,90 € · 3 = 2,70 €
Kosten Getreide:
100 g : 20 g = 5 4,00 € : 5 = 0,80 €
Kosten Kräuter:
400 g : 100 g = 4 1,70 € · 4 = 6,80 €
Gesamtkosten: 2,70 € + 0,80 € + 6,80 € = 10,30 €

Antwort: Sophie muss 10,30 € bezahlen.

3 a [X] Wie viele Lastwagen können die gleiche Menge Steinkohle transportieren wie ein Frachtschiff? (**74 Lastwagen**)

Lösungsplan/Rechnung:
Transportmenge Schiff [:] Transportmenge Lkw [=] Anzahl Lkw

```
  2 2 0 0 : 3 0 = 7 3 Rest 1 0
– 2 1 0
    1 0 0
  –   9 0
      1 0
```

b [X] Wie viel Steinkohle transportieren fünf Lastwagen und ein Güterzug? (**598 t**)

Rechnung:
5 Lastwagen transportieren: 5 · 30 t = 150 t
1 Güterzug transportiert: 16 · 28 t = 448 t
150 t + 448 t = 598 t

c [ ] Welches Transportmittel ist am umweltfreundlichsten?

Antwort: Die Frage ist rechnerisch nicht zu lösen!

d [ ] Mit welchem Transportmittel wird die gleiche Menge Steinkohle am schnellsten transportiert?

Antwort: Die Frage ist rechnerisch nicht zu lösen! (Es fehlen wichtige Angaben, z. B. Zeitangaben.)

e [X] Wie viele t Steinkohle transportiert ein Güterzug? (**448 t**)

Rechnung: 1 Güterzug transportiert: 16 · 28 t = 448 t
(Kann auch aus Aufgabe b übernommen werden.)

f [ ] Bei welchem Transportmittel braucht man das meiste Personal für den Transport?

Antwort: Die Frage ist rechnerisch nicht zu lösen! (Es fehlen wichtige Angaben, z. B. Angaben zu den benötigten Arbeitskräften.)

4 a

+1, +2, +3, +4, +5, +6, +7, +8

331; **332**; 334; 337; 341; 346; 352; **359**; **367**

Es wurde immer eine Zahl addiert, die um eins höher ist als diejenige, die davor addiert wurde.

b **215**; **218**; 213; 216; 211; 214; 209; 212; 207; **210**; **205**

Auf eine ungerade Zahl folgt eine gerade Zahl in fallender Weise.

5 Rechnung:
6 km 720 m = 6 720 m

Streckenabschnitte: 6 720 m : 48 m = 140
Anzahl der Bäume:
pro Seite: 140 Bäume + 1 Baum am Anfang = 141 Bäume
insgesamt: 141 Bäume · 2 = 282 Bäume

Antwort: Es stehen insgesamt 282 Bäume an der Allee.

6

```
  3 8 4 4 9 6 : 7 = 5 4 9 2 8
– 3 5
    3 4
    2 8
      6 4
    – 6 3
        1 9
      – 1 4
          5 6
        – 5 6
            0
```

Probe: 5 4 9 2 8 · 7
3 8 4 4 9 6

7 Frage: Wer muss für den Fernseher mehr bezahlen?

Lösungsplan/Rechnung Anna und Eltern:
Angebotspreis $\boxed{:}$ 9 $\boxed{=}$ Nachlass
1 170 € : 9 = 130 €

Angebotspreis $\boxed{-}$ Nachlass $\boxed{=}$ Preis Anna und Eltern
1 170 € – 130 € = 1 040 €

Lösungsplan/Rechnung Herr Zweifel:
Angebotspreis $\boxed{:}$ 3 $\boxed{=}$ Höhe der Anzahlung
1 170 € : 3 = 390 €

Monatsrate $\boxed{\cdot}$ 12 $\boxed{=}$ Zahlung durch Raten
75 € · 12 = 900 €

Anzahlung [+] Ratenzahlung [=] Preis Herr Zweifel
390 € + 900 € = 1 290 €

Vergleich der Preise: 1 290 € – 1 170 € = 120 €

Antwort: Herr Zweifel muss bei Ratenzahlung für den gleichen Fernseher 120 € mehr bezahlen.

8

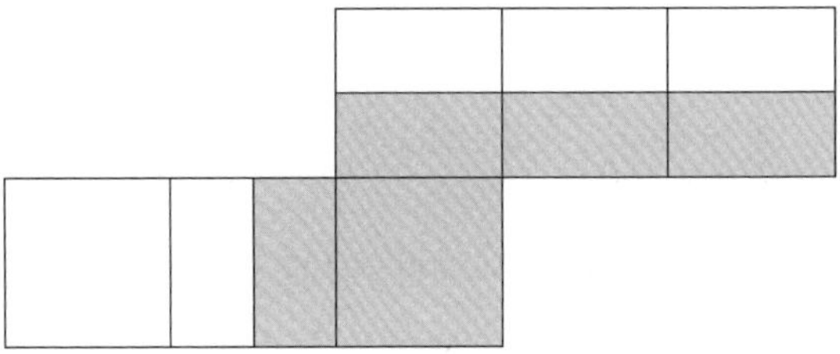

Test 6

1

6 1 0 2 2 8 : 8 = 7 6 2 7 8 R 4
– 5 6
5 0
– 4 8
2 2
– 1 6
6 2
– 5 6
6 8
– 6 4
4

Probe:

7 6 2 7 8 · 8
6 1 0 2 2 4

6 1 0 2 2 4
\+ 4
6 1 0 2 2 8

2 Drahtbedarf für Kantenmodell =
4 · Länge + 4 · Breite + 4 · Höhe
Länge: 8 cm · 4 = 32 cm
Breite: 6 cm · 4 = 24 cm
32 cm + 24 cm = 56 cm
68 cm – 56 cm = 12 cm
Höhe: 12 cm : 4 = 3 cm

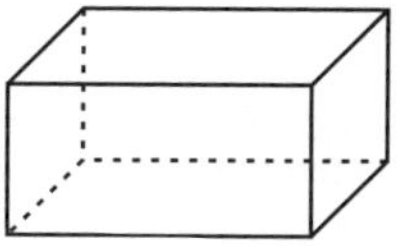

Antwort: Der Quader kann höchstens 3 cm hoch werden.

3 Apfelsaft: 400 € : 80 = 5 €
Zitronenlimonade: 16 · 350 ct = 5 600 ct = 56 €

80 Kästen Apfelsaft zu je	€ **5,00**	: € 400,00
16 Kästen Zitronenlimonade zu je	€ 3,50	: € **56,00**
		€ **456,00**

4 a Rechnung: 12 km = 12 000 m
Strecke Anna in 1 Minute: 12 000 m : 60 = 200 m
Strecke Anna in 17 Minuten: 17 · 200 m = 3 400 m

Antwort: Anna legt in 1 Minute 200 m und in 17 Minuten 3 400 m zurück.

b Rechnung:
zurückzulegende Strecke: 15 km 400 m = 15 400 m
Strecke in einer Stunde: 200 m · 60 = 12 000 m
Reststrecke: 15 400 m – 12 000 m = 3 400 m
(für 3 400 m braucht Anna 17 Min.; vgl. Ergebnis aus a)
Fahrzeit: 60 Min. + 17 Min. = 77 Min.
Fahrzeit + Pause: 77 Min. + 26 Min. = 103 Min. = 1 Std. 43 Min.

Antwort: Anna braucht 1 Stunde 43 Minuten für die Fahrt zu Leon.

c Skizze:
zurückgelegte Strecke Leon:

8.30 Uhr —**4 200 m**→ 9.30 Uhr | Pause 10 Min. | 9.40 Uhr —**4 200 m : 2 = 2 100 m**→ 10.10 Uhr

zurückgelegte Strecke Anna:

9.40 Uhr —**12 km : 2 = 6 km**→ 10.10 Uhr

Rechenbaum:

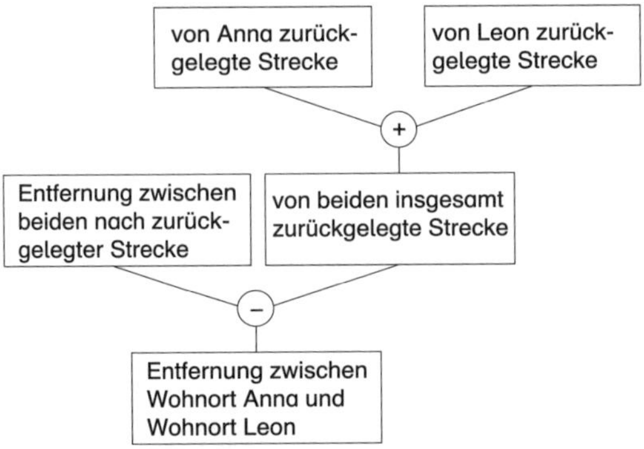

Rechnung: 6 300 m + 6 000 m = 12 300 m
15 400 m – 12 300 m = 3 100 m; 3 100 m = 3 km 100 m

Antwort: Anna und Leon sind noch 3 km und 100 m voneinander entfernt.

5 Rechnung:

Wert der mehr verkauften Tulpen:	2 € · 9 = 18 €
Einnahme bei gleicher Anzahl Tulpen und Rosen:	283 € – 18 € = 265 €
Kosten einer Rose und einer Tulpe zusammen:	2 € + 3 € = 5 €
Anzahl der verkauften Rosen:	265 € : 5 € = 53
Anzahl der mehr verkauften Tulpen:	53 + 9 = 62

Probe: 53 · 3 € = 159 €; 62 · 2 € = 124 €; 159 € + 124 € = 283 €

Antwort: Die Verkäuferin hat 53 Rosen und 62 Tulpen verkauft.

6 a 8 + 11 + 14 = 33 Teilnehmer

b Rechnung:
FC Bayern München: 8 + 3 = 11

TSV 1860 München: 14 – 3 = 11

1. FC Nürnberg:
33 + 2 = 35 Spieler in der D--Jugendmannschaft insgesamt
35 – 11 – 11 = 13 Fans des 1. FC Nürnberg

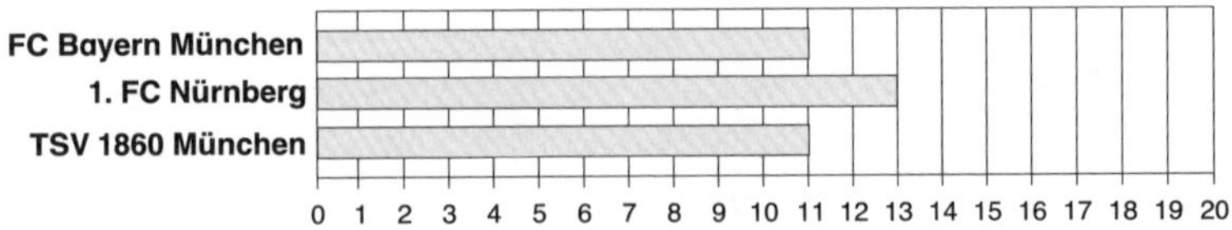

7 a 16 kleine Murmeln: 16 · 10 g = 160 g
8 große Würfel: 160 g : 8 = 20 g

Antwort: Ein großer Würfel wiegt 20 g.

b links 17 kleine Murmeln: 17 · 10 g = 170 g
2 kleine Würfel: ?
rechts 5 große Murmeln: 5 · 25 g = 125 g
7 kleine Würfel: ?

rechts und links können je 2 kleine Würfel entfernt werden:
170 g – 125 g = 45 g; 45 g : 5 = 9 g

Antwort: Ein kleiner Würfel wiegt 9 g.

Test 7

1 a

```
 4 6 1 2 9 5 : 5 = 9 2 2 5 9      Probe:  9 2 2 5 9 · 5
–4 5                                      -------------
 ---                                        4 6 1 2 9 5
   1 1
 – 1 0
   ---
     1 2
   – 1 0
     ---
       2 9
     – 2 5
       ---
         4 5
       – 4 5
         ---
           0
```

b

```
 1 2 7 9 · 9      Probe:   1 1 5 1 1 : 9 = 1 2 7 9
-----------               –  9
   1 1 5 1 1                ---
                             2 5
                           – 1 8
                             ---
                               7 1
                             – 6 3
                               ---
                                 8 1
                               – 8 1
                                 ---
                                   0
```

2 10; 10; $\xrightarrow{+10}$ 20; $\xrightarrow{+10}$ 30; $\xrightarrow{+20}$ 50; $\xrightarrow{+30}$ **80**; $\xrightarrow{+50}$ **130**; $\xrightarrow{+80}$ **210**; $\xrightarrow{+130}$ 340

Es müssen immer die beiden vorhergehenden Zahlen addiert werden, um die folgende zu erhalten.

3 63 909 + 18 915 – 3 939 = **78 885**

4 11 111 – **6 667** = 4 444

Lösung:

$$\begin{array}{r} 1_{1}\,1_{1}\,1_{1}\,1_{1}\,1 \\ -\quad 4\;\,4\;\,4\;\,4 \\ \hline 6\;\,6\;\,6\;\,7 \end{array}$$

5 Skizze:

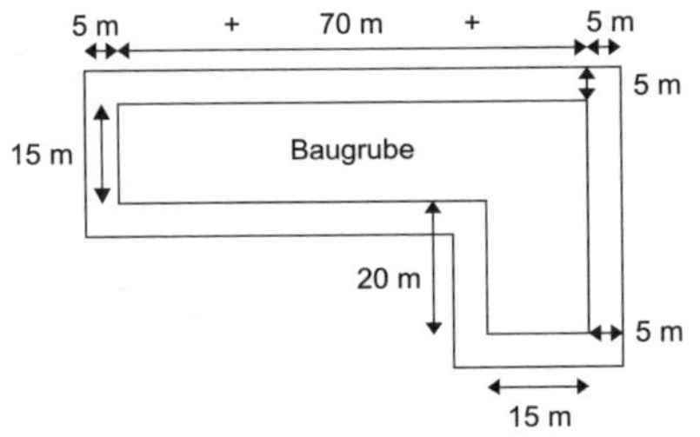

Rechnung:

70 m + 5 m + 5 m	=	80 m
15 m + 20 m + 5 m + 5 m	=	45 m
15 m + 5 m + 5 m	=	25 m
		20 m
80m – 25 m	=	55 m
15 m + 5 m + 5 m	=	25 m
		250 m

Antwort: Der Sicherungszaun muss 250 Meter lang sein.

6 Lösungsplan:

Zur Verfügung stehende Zeit:	13.45 Uhr bis 17.15 Uhr ⟶ 3 Std. 30 Min.
Fahrzeit für den Hinweg:	15 Min.
Fahrzeit für den Rückweg:	15 Min. + 5 Min. = 20 Min.
Gesamtfahrzeit:	15 Min. + 20 Min. = 35 Min.
Zeit zum Spielen:	3 Std. 30 Min. – 35 Min. = 2 Std. 55 Min.

Antwort: Leon bleiben 2 Std. 55 Min., um mit seinem Freund zu spielen.

7

	15 000	
300	**50**	
60	5	**10**

Rechnung: 15 000 : 300 = 50 50 : 5 = 10

8

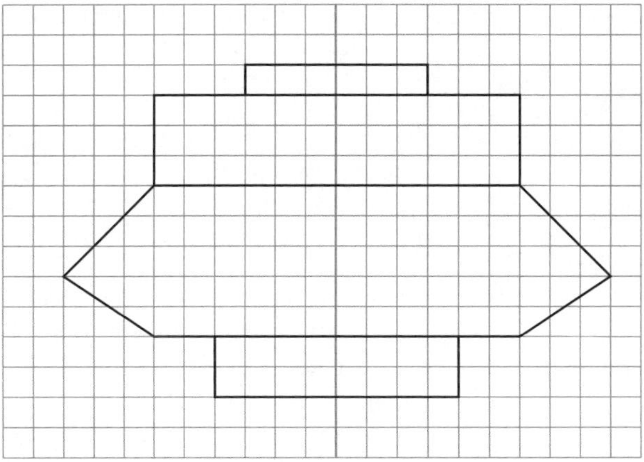

9 Überlegung:

Herr Knauser:	Tobias:	Hund Trolli:
Gewicht Tobias + Gewicht Trolli + 40 kg *oder* Gewicht Tobias + Gewicht Tobias · 3 + 40 kg	Gewicht Tobias	Gewicht Tobias · 3

Rechnung:

Gesamtgewicht: Gewicht Tobias · 8 + 40 kg = Gesamtgewicht
Gewicht Tobias: 88 kg – 40 kg = 48 kg; 48 kg : 8 = 6 kg
Hund Trolli: 3 · 6 kg = 18 kg
Herr Knauser: 18 kg + 40 kg + 6 kg = 64 kg
Probe: 64 kg + 18 kg + 6 kg = 88 kg (= Anzeige auf der Personenwaage)

Antwort: Sohn Tobias wiegt 6 kg, Herr Knauser 64 kg und Hund Trolli 18 kg.

10 Lösungsplan:

Leons Fahrrad + Papas Fahrrad = Gesamtpreis
380 € + 550 € = 930 €

Gesamtpreis – 35 € = Endpreis
930 € – 35 € = 895 €

Endpreis – zurückgelegtes Geld = zu sparendes Geld
895 € – 535 € = 360 €

zu sparendes Geld : 3 Monate = Sparrate pro Monat
360 € : 3 = 120 €

Antwort: Herr Neumann muss jeden Monat 120 € sparen.

Test 8

1

$$\begin{array}{r} 1\;2\;4\;3\;9\;5 \\ +\;3\;6_1\,8_1\,7_1\,4_1\,6 \\ \hline 4\;9\;3\;1\;4\;1 \end{array}$$

2

$$\begin{array}{r} \underline{8\;4\;7\cdot 4\;0\;6} \\ 3\;3\;8\;8 \\ 0\;0\;0\;0 \\ {}_1\,5\;0\;8\;2 \\ \hline 3\;4\;3\;8\;8\;2 \end{array}$$

oder kürzer:

$$\begin{array}{r} \underline{8\;4\;7\cdot 4\;0\;6} \\ 3\;3\;8\;8 \\ {}_1\,5\;0\;8\;2 \\ \hline 3\;4\;3\;8\;8\;2 \end{array}$$

3

48 : 2 = 24	24 + 10 = 34	Probe:	34 – 14 = 20
20 : 2 = 10	24 – 10 = 14		34 + 14 = 48

Antwort: Leons Onkel ist 34 Jahre alt und sein Sohn ist 14 Jahre alt.

4 a Lösungsplan „Menge Mühle pro Stunde“:

Mühle 1: Menge in 6 Stunden $\xrightarrow{:6}$ Menge in 1 Stunde
Mühle 2: Menge Mühle 1 in 1 Stunde · 2
Mühle 3: Menge in 4 Stunden $\xrightarrow{:4}$ Menge in 1 Stunde

Rechnung:

Mühle 1:	2 t 700 kg = 2 700 kg	2 700 kg : 6 = 450 kg
Mühle 2:	450 kg · 2 = 900 kg	
Mühle 3:	2 t 600 kg = 2 600 kg	2 600 kg : 4 = 650 kg

Antwort: Die erste Mühle mahlt in einer Stunde 450 kg, die zweite Mühle 900 kg und die dritte Mühle 650 kg.